小·樱桃一家 的 气象探秘之旅

——气象与山洪地质灾害的那些事

刘 波 康雯瑛 主编

气象出版社
China Meteorological Press

图书在版编目（ＣＩＰ）数据

小樱桃一家的气象探秘之旅 ： 气象与山洪地质灾害
的那些事 / 刘波，康雯瑛主编. -- 北京 ： 气象出版社，
2021.7（2023.6重印）
ISBN 978-7-5029-7498-5

Ⅰ．①小… Ⅱ．①刘… ②康… Ⅲ．①山洪－灾害防
治－普及读物 Ⅳ．①P426.616-64

中国版本图书馆CIP数据核字(2021)第141828号

Xiaoyingtao Yijia de Qixiang Tanmi zhi Lü ——Qixiang yu Shanhong
Dizhi Zaihai de Naxieshi

小樱桃一家的气象探秘之旅——气象与山洪地质灾害的那些事

刘　波　康雯瑛　主编

出版发行：气象出版社
地　　址：北京市海淀区中关村南大街46号　　　　邮政编码：100081
电　　话：010-68407112（总编室）　 010-68408042（发行部）
网　　址：http://www.qxcbs.com　　　　 E-mail：qxcbs@cma.gov.cn
责任编辑：胡育峰　张玥滢　　　　　　　终　　审：吴晓鹏
责任校对：张硕杰　　　　　　　　　　　责任技编：赵相宁
印　　刷：北京地大彩印有限公司
开　　本：710 mm×1000 mm　1/16　　　印　　张：6.25
字　　数：100 千字
版　　次：2021 年 7 月第 1 版　　　　　印　　次：2023 年 6 月第 2 次印刷
定　　价：32.00 元

编委会

主　编：刘　波　康雯瑛

副主编：阳艳红　李陶陶

编　委：任　珂　武蓓蓓　姚锦烽　温　晶

序　言

　　党中央、国务院一直高度重视防灾减灾救灾工作，尤其是党的十八大以来，习近平总书记多次针对防灾减灾救灾工作做出重要批示和指示。对于政府层面，习总书记要求要坚持"以防为主、防抗救相结合"方针，建立健全各项防治管理体系，全面提升综合防灾能力。对于社会层面，习总书记提出"要提高全社会安全意识、普及自救常识""筑牢防灾减灾救灾的人民防线""建立防灾减灾救灾宣传教育长效机制、引导社会力量有序参与""完善公民安全教育体系，推动安全宣传进企业、进农村、进社区、进学校、进家庭，加强公益宣传，普及安全知识，培育安全文化"等。

　　我国位于东亚季风区，是世界上自然灾害最为严重的国家之一，其中气象灾害占全部自然灾害的比例超过 70%，每年因气象灾害死亡数千人，造成的经济损失占 GDP 的比重虽然在逐年减小，但也高达几千亿元。这些基本事实要求我们在实现中华民族伟大复兴和中国特色社会主义现代化建设的新征程中，必须高度重视和做好气象防灾减灾救灾工作，气象科普工作可以在这方面发挥先导性作用。

　　山洪地质灾害属于气象次生灾害。我国地质条件复杂，山洪地质灾害多发频发，严重威胁着人民生命财产安全。2010 年 8 月 7 日，甘肃甘南藏族自治州舟曲县发生特大山洪地质灾害，泥石流流经区域被夷为平地，人员伤亡超过 3000 人，这为我们敲响了警钟。2011 年，根据国务院《全国中小河流治理和病险水库除险加固、山洪地质灾害防御和综合治理总体规划》，中国气象局全面启动山洪地质灾害防治气象保障工程项目，经过近 10 年的建设，基本建成了层次分明、功能全面、技术先进、快速高效的气象灾害监测预警和风险评估服务体系，但在山洪地质灾害知识的科学普及和相关政策的科普解读方面还有所不足，本书就是在这种情况下，针对公众需求，开展的一次积极尝试，通过漫画这种比较生动形象的方式，让公众了解山洪地质灾害的概念、形成原理、影响和危害、气象要素（尤其是降水）和山洪地质灾害的关系、如何正确应对山洪地质灾害及相关政策等知识，为应对山洪地质灾害工作尽一点绵薄之力。

感谢王玉彬专家在此书编写过程中给予的支持和帮助。本书的出版获得中国气象局气象宣传与科普中心山洪地质灾害防治气象保障工程——山洪灾害及气象灾害舆情监控平台建设及科普图书出版项目支持。

由于编者水平有限，书中的疏漏和错误在所难免，敬请读者不吝赐教，我们将在今后的工作中进行补充和完善。

编者

2021 年 7 月

目　录

▶ 小樱桃

　　古灵精怪的小学三年级女生，小名桃桃，爱动脑筋，活泼聪明，喜爱旅行。受气象专家东风叔叔影响，十分痴迷山洪地质灾害知识。跟随东风叔叔在太行山自驾游之旅中收获颇丰。

▶ 樱桃爸

　　小樱桃的爸爸。公务员。下班后喜欢看电视、看报或者玩电脑，是小樱桃的避风港。

▶ 樱桃妈

　　小樱桃的妈妈。在家做全职妈妈。她勤劳能干、任劳任怨，把家中事务打理得井井有条。对小樱桃很严格。

▶ 东风叔叔

　　气象局的青年才俊、气象专家。在此次太行山自驾游的旅行中给小樱桃科普了大量山洪地质灾害知识，也为大家的人身安全保驾护航。

小樱桃之问一：
气象和山洪地质灾害到底
是什么关系？

暴雨山洪：
短时强降水引发的山洪。

冰川山洪：
降水与冰川融化水共同引起的山洪。

溃决山洪：
上游地区持续出现降水，水库库容剧增，导致水库溃决而发生的山洪。

泥石流：
山区出现强降水，导致山沟水流量剧增，在快速流动过程中将沟里及旁边的泥沙石、树木等一起挟带向下游流动，形成泥石流。

滑坡：
斜坡上的土体或者岩体，受河流冲刷、地下水活动、雨水浸泡、地震及人工切坡等因素影响，在重力作用下，发生的滑移地质现象。

东风叔叔，我国山洪地质灾害集中发生在哪些区域呢？

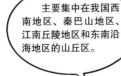

主要集中在我国西南地区、秦巴山地区、江南丘陵地区和东南沿海地区的山丘区。

西南地区

秦巴山地区

江南丘陵地区

东南沿海地区的山丘区

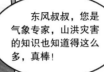

东风叔叔，您是气象专家，山洪灾害的知识也知道得这么多，真棒！

哈哈！谢谢小樱桃！因为强降水或持续性降水是山洪地质灾害发生的重要影响因子之一哦！

据资料分析，2000—2015 年，山洪地质灾害的发生，降水起到了主要驱动作用。

哪种类型的山洪地质灾害发生最多呢？

暴雨山洪，降水引发的溪沟洪水是主要类型，发生次数与造成伤亡人数最多。暴雨发生后，在地表形成径流，径流沿着地形往低洼处汇集产生汇流，汇流不断增加，引起山沟水位陡涨，形成暴雨山洪。

山洪地质灾害多发季节也是降雨的季节吗？

是的，山洪地质灾害多发季节与雨季紧密相关，所以去山区旅游，出行前一定要了解天气预报！

喂，小樱桃干什么去呀？

回房间一趟，《天气预报》节目要开始了。

总算出发喽!

看!这是易灾地区逐时降水资料。

逐时降水的大小有什么意义呢?

可以统计出易灾地区历史山洪地质灾害的场次累积降水量。这些统计结果可以为防范防御提供参考。

这里说,降水对山洪地质灾害起了主要驱动作用,那为什么还说需要影响重大山洪地质灾害过程的天气形势资料呢?

了解影响的天气形势,可以提前防范、防御减免损失呀。

我明白了,易灾地区需要开展气候评价,帮助我们防范、防御山洪地质灾害发生。

你太聪明了!

等级	伤亡损失情况
特大型	因灾死亡 30 人以上或者直接经济损失 1000 万元以上
大型	因灾死亡 10 人以上 30 人以下或者直接经济损失 500 万元以上 1000 万元以下
中型	因灾死亡 3 人以上 10 人以下或者直接经济损失 100 万元以上 500 万元以下
小型	因灾死亡 3 人以下或者直接经济损失 100 万元以下

小樱桃,家丑不可外扬哦,还是让东风叔叔把山洪地质灾害的四个特点介绍完吧。

好的。第三个特点呀,就是季节性强,频率高。我国的暴雨和特大暴雨主要集中在5—9月,这也是山洪地质灾害频发期,6—8月的主汛期更是山洪地质灾害的多发期。

这一点和老妈发脾气的时间段也很吻合。

为什么?

因为这是我们小学生准备期末考试、放暑假的时间段啊。

小樱桃……

哈哈!第四个特点是区域性明显,易发性强,山洪地质灾害有很强的区域性。我国西南地区、秦巴山地区、江南丘陵地区和东南沿海地区的山丘区山洪地质灾害集中,发生频率高,易发性强;西北地区和青藏高原地区相对分散,发生频率较低。

小樱桃,这回不像我了吧!

嗯嗯,老妈,这回像我了,您的关注度永远在我身上!

小樱桃之问二：
气象局在山洪地质灾害防治中
有什么任务呢？

东风叔叔，前面给我讲了那么多山洪工程的由来、重要性、规划的方向，具体建设内容我还不知道呢？

《总体规划》第三章第二节中要求：突出非工程措施在防灾减灾中的作用，强化专业监测预报预警和群测群防体系建设。

具体起来有三点：
第一，合理安排工程治理措施，统一规划，资源共享，避免重复建设；
第二，在建设时序上，按轻重缓急，区分重点和一般，突出薄弱环节；
第三，通过系统实施各项工程，显著提高防灾减灾能力。

还有吗？

有有有，《总体规划》第三章第三节……

哈哈哈哈！

东风叔叔莫急，我刚才问的是炸鸡块还有吗？

东风叔叔，您继续……

好，《总体规划》第三章第三节中要求：
在山洪地质灾害易发地区涉及的 2058 个县（市、区）内，以现有气象水文监测网络为基础，合理布设局地和移动天气雷达、风廓线雷达，加密布设自动气象站、自动和简易雨量站，消除天气雨量观测盲区；
建设完善水文（位）测站、巡测基地、水文信息中心站和中小河流水情预报、中小型水库防汛报警通信系统。

那具体包括哪些呢？

加强国家防汛抗旱指挥系统建设；
加密布设泥石流、滑坡等灾害监测站点，配置必要的预警设备；建设完善气象、水利和国土资源等部门的预报预警、信息传输和信息发布系统，建立气象、水利、国土资源等部门联合的监测预报预警信息共享平台和短时临近预警应急联动机制；
完善灾害防御预案、宣传培训演练等群测群防体系，充分发挥乡村群测群防监测员、气象信息员、灾害信息员、水文观测员的作用；
把山洪地质灾害防治知识纳入国民教育体系，加强宣传教育和应急演练，强化干部群众避灾减灾意识，全面提高自防自救和互救能力；
建立洪水风险管理制度。

灾害监测站点

那咱们气象局都做了哪些部署？

中国气象局全面落实《总体规划》部署和要求，在《山洪工程指导方案》中明确了：
山洪工程包括监测系统、预报与风险评估系统、预警信息发布与服务系统、信息网络支撑系统、装备保障系统五大业务系统等建设内容。

另外，通过增强气象监测、预报、预警服务能力建设，进一步加强局地突发性强降水监测、精细化预报和中小河流洪水、山洪、地质灾害监测预警功能，气象灾害预警信息快速发布功能，以及快捷可靠的技术装备保障功能等。

哇，预警信息快速发布，都有哪些渠道呀？

电视、广播、网络、手机、大喇叭等。

电视

手机

大喇叭

这些建设工程是否能按时完成，管理工作很重要吧？

当然，尤其是对于建设周期将跨三个"五年规划""百亿级"的山洪工程而言，工程项目管理工作至关重要，它是衡量和检验能否高质量完成建设任务的前提条件，必须保质保量按计划、时间完成，关系到人民福祉安康、国家公共财产免遭损失。

的确如此呀。

中国气象局在工程启动伊始，印发了《山洪工程管理办法》，明确了分年度建设工程审批程序、建设管理、监督检查和主体责任等。中国气象局计划财务司发文要求各建设单位认真落实《山洪工程管理办法》，加强山洪工程的管理，有效发挥工程投资效益。

在工程进度和竣工验收方面呢?

严格控制年度建设项目进度和竣工验收,山洪工程实行年度建设项目竣工验收制度,年度建设项目施工期原则按一年期控制。

严格审批竣工财务决算和资产交接管理工作,山洪工程年度建设项目在完工、通过业务验收并具备竣工验收条件后,应按照工程相关规定及时编制项目竣工财务决算,并开展第三方审计,按审批权限报请决算审核和批复。各建设单位根据批复的竣工财务决算,及时做好固定资产移交和财务入账及资产登记手续。完善工程建设监督检查方面,要求各建设单位强化山洪工程年度建设工程的计划执行、财务管理、政府采购、招投标等方面的工作和工程质量与安全的监督检查,并进一步落实好工程建设中的党风廉政建设责任,履行好"一岗双责"。

等等,我们这次旅行是不是也要采取"一岗双责"呀,爸爸不能只顾游玩,不带孩子呀?

怎么了?

小樱桃睡着了,你快替我背一会儿啊!

迈入新时代，各行各业都取得了令人瞩目的成就，从2010年国家全面部署山洪工程，十几年了，气象山洪工程建设一定取得了不少成就吧？

"十二五"期间，基本形成了山洪地质灾害防治气象监测预报预警服务体系，气象观测站网密度和自动化水平大幅提升；

预报预警系统平台不断完善，精细化气象预报预警业务能力明显提高，天气气候预报预测准确率显著提升。

小樱桃之问三：
我国有哪些山洪地质灾害
防治的法律和制度？

太好了，帐篷搭好了。

累了一天，还不快进帐篷睡觉？

好不容易野营一次，怎么能舍得睡觉呢？东风叔叔，我们点起篝火，办一场篝火晚会怎么样？

不行，山区不能随便生火，否则极容易引发森林火灾……

啊？叔叔管得真宽呢。

什么意思？

你不仅懂防洪，连防火也是行家里手呀！

能否再说得具体些呢？

《规划》明确了"十三五"国家综合防灾减灾工作的主要任务。具体包括：完善防灾减灾救灾法律制度，加快形成预案法规和技术标准体系；健全防灾减灾救灾体制机制，明确中央与地方应对自然灾害的事权划分，强化地方党委、政府的主体责任；加强灾害监测预报预警与风险防范能力建设，提高灾害预警信息发布的准确性、时效性，开展灾害风险与减灾能力调查；加强灾害应急处置与恢复重建能力建设，稳步提升受灾人员生活保障水平，把灾区建设得更安全、更美好；

加强工程防灾减灾能力建设，提高城市建筑和基础设施的抗灾能力，提升农村住房的设防水平和抗灾能力；加强防灾减灾救灾科技支撑能力建设，加强基础理论和关键技术研发，推进新技术应用，促进防灾减灾救灾产业发展；加强区域和城乡基层防灾减灾救灾能力建设，协调开展区域能力建设的试点示范工作，加强应急避难场所以及社区和家庭减灾能力建设；发挥市场和社会力量在防灾减灾救灾中的作用，加快建立巨灾保险制度，完善社会力量参与防灾减灾救灾政策；加强防灾减灾宣传教育，提升全民防灾减灾意识和自救互救技能；推进防灾减灾救灾国际合作与交流，推动落实联合国2030年可持续发展议程和《2015—2030年仙台减轻灾害风险框架》。

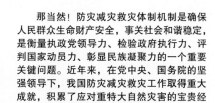

那当然！防灾减灾救灾体制机制是确保人民群众生命财产安全，事关社会和谐稳定，是衡量执政党领导力、检验政府执行力、评判国家动员力、彰显民族凝聚力的一个重要关键问题。近年来，在党中央、国务院的坚强领导下，我国防灾减灾救灾工作取得重大成就，积累了应对重特大自然灾害的宝贵经验，国家综合减灾能力明显提升。

那防灾减灾救灾体制机制也很重要吧？

但我国自然灾害形势仍然复杂严峻，灾害信息共享和防灾减灾救灾资源统筹不足，重救灾轻减灾思想还比较普遍，一些地方"城市高风险、农村不设防"的状况尚未根本改变，社会力量和市场机制作用尚未得到充分发挥，防灾减灾宣传教育不够普及。

哦，我明白了，这个防灾减灾救灾体制机制真的很重要，很有必要进一步完善啊。那么国家又出台了哪些防灾减灾救灾体制机制呢？

下面我好好给你讲一下。

嗯！

　　首先是健全统筹协调体制方面。这方面首先要统筹灾害管理，加强各种自然灾害管理全过程的综合协调，强化资源统筹和工作协调；其次是要统筹综合减灾，牢固树立灾害风险管理理念，转变重救灾轻减灾思想，将防灾减灾救灾纳入各级国民经济和社会发展总体规划，作为国家公共安全体系建设的重要内容。

那还有什么？

　　第二是健全属地管理体制方面。这方面首先是要强化地方应急救灾主体责任，坚持分级负责、属地管理为主的原则，进一步明确中央和地方应对自然灾害的事权划分；其次是要健全灾后恢复重建工作制度，特别重大自然灾害灾后恢复重建坚持中央统筹指导、地方作为主体、灾区群众广泛参与的新机制，中央与地方各负其责，协同推进灾后恢复重建；再次是要完善军地协调联动制度，完善军队和武警部队参与抢险救灾的应急协调机制，明确需求对接、兵力使用的程序方法。

不好意思，打断了你！

没关系，我刚才说到哪了？

该说第四点了。

第四是全面提升综合减灾能力方面。强化灾害风险防范，加快各种灾害地面监测站网和国家民用空间基础设施建设，完善分工合理、职责清晰的自然灾害监测预报预警体系；完善信息共享机制，研究制定防灾减灾救灾信息传递与共享技术标准体系，加强跨部门业务协同和互联互通，建设涵盖主要涉灾部门和军队、武警部队的自然灾害大数据和灾害管理综合信息平台，

实现各种灾害风险隐患、预警、灾情以及救灾工作动态等信息共享；提升救灾物资和装备统筹保障能力，健全救灾物资储备体系，扩大储备库覆盖范围，优化储备布局，完善储备类型，丰富物资储备种类，提高物资调配效率和资源统筹利用水平；提高科技支撑水平，统筹协调防灾减灾救灾科技资源和力量，充分发挥专家学者的决策支撑作用，加强防灾减灾救灾人才培养，建立防灾减灾救灾高端智库，完善专家咨询制度；深化国际交流合作，服务国家外交工作大局，积极宣传我国在防灾减灾救灾领域的宝贵经验和先进做法，学习借鉴国际先进的减灾理念和关键科技成果，创新深化国际交流合作的工作思路和模式。

太好了，但好机制也离不开强有力的组织领导啊。

救灾物资安排

没错，最后要说的第五条，就是切实加强组织领导方面。首先强化法治保障，根据形势发展，加强综合立法研究，及时修订有关法律法规和预案，科学合理调整应急响应启动标准；其次加大防灾减灾救灾投入，健全防灾减灾救灾资金多元投入机制，

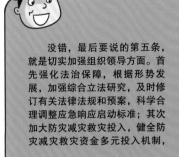

完善各级救灾补助政策，拓宽资金投入渠道，加大防灾减灾基础设施建设、重大工程建设、科学研究、人才培养、技术研发、科普宣传、教育培训等方面的经费投入；并且要强化组织实施，各地区各部门要以高度的政治责任感和历史使命感，加大工作力度，确保各项改革举措落到实处。要加强协调，统筹推进，对实施进度进行跟踪分析和督促检查，对实施过程中遇到的问题，及时沟通、科学应对、妥善解决。

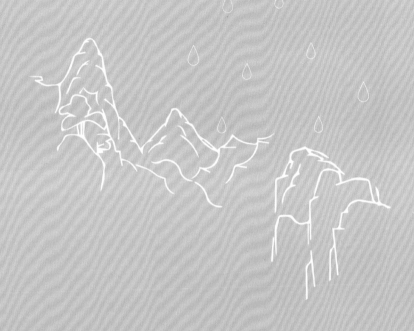

小樱桃之问四：
气象局在山洪地质灾害防治中
做了哪些事？

说实话，以前只知道气象部门会预报天气，没想到在应对山洪地质灾害方面也发挥着这么大作用。

气象部门在山洪地质灾害应对中的作用主要是监测、预警、预报，这三点真的很重要。

中国气象局认真贯彻落实党中央、国务院部署，面向国家自然灾害防治工作总体要求，强化应对山洪地质灾害的气象服务工作，加大对山洪工程基本建设的投入力度。

哇，那真是太厉害了！

对，可以说基本实现了自动气象站全部覆盖防治区内乡镇，针对山洪地质灾害的气象预报水平显著提升，基本实现对山洪等灾害的气象监测预警。

能不能给我讲一下为什么要做山洪地质灾害气象风险普查和评估？

简单说就是为了今后工作做得更好呗！

你这个回答也太简单了吧！

山洪地质灾害气象风险普查和评估

哈哈哈！那就给你详细说说。

灾害风险普查是气象灾害风险预警的基础，摸清灾害隐患，识别风险源，获取实地情况信息，为致灾临界气象条件、风险的定量评估和检验、风险区划等方面的研究提供信息支撑。

开展气象灾害风险评估为开展气象灾害风险管理提供数据支撑，为提升气象灾害风险管理水平奠定基础。

哦，真是一环扣一环啊！

小樱桃之问五：
山洪地质灾害的预警是
怎么回事？

总的说来，山洪灾害气象预警业务指的是在灾害风险普查、确定致灾阈值和预警等级指标基础上，依据降水实时监测、预报，评估山洪灾害气象预警等级，适时向政府决策部门、社会公众提供的气象预警服务。

山洪地质灾害产生的主要诱因是短时强降水，寻找能够迅速反映山洪发生的前兆降水量信号或指标就是山洪临界雨量，即在一定时段内降水量达到或超过某一临界值，将导致洪水淹没人类活动场所，引发不同等级的山洪地质灾害。

气象部门依托风险普查数据库和气象灾害信息管理系统，同时结合各地区山洪灾害实际影响程度和已有技术方法，开展致灾阈值指标确定工作，内容包括：

建立逐条山洪沟不同等级（漫堤（沟），淹没预警点 0.6 米、1.2 米、1.8 米四个等级）的临界（面）雨量阈值数据库。

接下来说说业务检验和效益评估，预计或发生山洪地质灾害后，及时开展山洪灾害气象预警检验，检验内容包括山洪临界（面）雨量指标、山洪灾害气象预警等级、山洪灾害气象预警的准确率，

并根据检验结果及时修订相关指标；预计或发生山洪灾害后，及时评估气象预警在防灾减灾中发挥的作用和取得的社会、经济效益（应包括因预警提前安全转移的人数、减少的人员伤亡数量和减少的财产损失等）。

东风叔叔，那您有没有评估一下陪我们一起来太行山游玩，能减少多少财产损失呢？

那要看你想跟我要多少纪念品啦！

嘿嘿！

山洪的预警是不是也有好几种呢？

你说的没错，山洪地质灾害气象风险预警分为实况监测预警、短临预警和短期预警三种。

能不能分别讲一讲？我觉得大家很有必要了解清楚。

实况监测预警是指利用实况降水信息，对山洪溪沟小流域进行分钟－小时级别监测，当超过阈值时，发布分钟－小时级别山洪地质灾害气象预警；短临预警是根据实况雨量与短临预报雨量，当超过山洪地质灾害致灾雨量阈值时，发布小时级别山洪地质灾害气象预警；短期预警指结合降水实况与短期时效内精细化预报，当超过山洪地质灾害致灾雨量阈值时，取预报时效内（一般为 24 小时）最高风险等级发布山洪地质灾害气象预警。

哈哈，我想起来了，在学校举办的校园气象科普活动上，听专家们给我们普及过气象科普知识。

那你还能回忆起来吗？

能，譬如媒体渠道，报纸、广播、电视、互联网；通信渠道，电话、卫星、智能手机；还有自建渠道，如海洋广播电台、气象预警大喇叭、气象电子显示屏、预警发布专用渠道等。

小樱桃真棒！真是一字不差，倒背如流，长大了一定能考上北大清华。

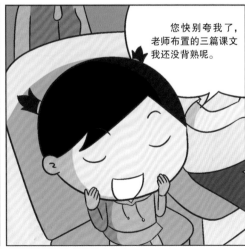

您快别夸我了，老师布置的三篇课文我还没背熟呢。

小樱桃之问六：
我们该如何防治山洪
地质灾害？

看来普查确实很重要，我想了解的是，具体都普查哪些内容呢？

这个有必要好好介绍一下。

首先是对基础信息的普查与掌握。精确到乡镇边界的行政区划图；河网水系图、地形图、地质图、土地利用图等；基础地理信息图和专业专题图；山洪重点防治区高分辨率遥感影像图；其他基础地理信息相关资料，主要包括每条山洪沟的流域边界、受山洪影响的村镇、社区、交通和基础设施、隐患点的分布情况。

真是够详尽的，这样就万无一失了。

当然还不够，还要精准地掌握相关气象、水文信息。

哦！

这些信息包括：山洪沟流域内或邻近气象（雨量）站情况，水文（水位）站情况，站点降水、水位以及流量观测数据，时间尺度为分钟、小时、日等以及各站历史上发生的历次山洪过程水文要素摘录等。

叔叔，我现在又改变主意了。

怎么，长大了不想当气象人了？

嘿嘿，天天在山沟里泡着，工作多辛苦呀，我可不想被晒黑。

小樱桃呀，干工作不能嫌麻烦，更不能怕晒黑哦！

难道还有要做的呀？

是啊，除了上述几点，还要收集历次山洪地质灾害的淹没情况和灾情损失情况。数据信息详细到分村落、分承灾体的受淹最大水深和时间、影响的承灾体数量、程度、价值、损失量等。还要统计县级历年山洪地质灾害年损失情况。另外，还有预警指标及防灾措施。包括收集外部门不同时效的准备转移预警指标和立即转移预警指标。山洪沟流域范围内行政村的堤防高度、防灾减灾措施等。

十几年前的灾情也要掌握吗？

对啊！

算了，这事我也干不了。

为什么？

因为十几年前我还没出生呢！

说归说笑归笑，东风老弟，山洪易灾地区的风险区域是怎样划分的？我们想储备这些知识，今后可以为出行做好防范。

嗯，我国是一个多山的国家，山丘区人多地少，生产生活空间狭小，不少城镇或居民点坐落在山洪沟出水口下游、泥石流沟口、河谷沿岸甚至滑坡体上，加之炸山开矿、削坡修路等活动对山体稳定带来的影响，决定了我国山洪地质灾害多发、易发、频发、重发的特点，是世界上山洪地质灾害最为严重的国家之一。近年来气候变化背景下的极端天气气候事件频发，特别是山区丘陵区降水强度与频率增大，降水诱发的山洪地质灾害有所增加。

是啊，所以你要给我们好好讲一讲。

好的，这就要我们对全国山洪地质灾害高风险区主要集中分布有个大致了解，可以去专业部门档案馆、研究部门查询。

XX 档案中心

这是什么地方？

这是武夷山脉，涉及广东、福建、浙江、江西四省，人口密集，城市化程度高，降雨充沛，是山洪地质灾害高发频发区。

不对呀？我五姨住在天津，不在福建啊！

哇！

这一带怎么样?

陕西甘肃一带

N

0 30 60 120 km

这一带为秦巴山地,涉及陕西、甘肃、河南、四川、重庆五省(市),北邻渭河平原,其间有大断裂,为北仰南倾的断块构造,山势陡峭,河流短促,多急流,也易于形成山洪地质灾害。

看来还是我们这里比较好一些。

哈哈!

叔叔笑什么?

咱们国家的山区太多了，干脆以后去黄土高坡旅游，是不是就不必考虑山洪地质灾害因素了？

不尽然哦！

黄土高原位于中国中部偏北，包括太行山以西、乌鞘岭以东、秦岭以北、长城以南广大地区，地势由西北向东南倾斜，大部分为厚层黄土覆盖，经流水长期强烈侵蚀，逐渐形成千沟万壑，地形支离破碎，人口密度大，易于受到山洪地质灾害影响。

哼，我们国家幅员辽阔，实在不行，以后去东北那旮沓玩儿。

因降雨引发的山洪地质灾害，其预警信号由国土资源部门联合气象部门，通过有关媒体向社会发布。信号分四个等级，由弱到强分别以蓝色、黄色、橙色和红色表示。

Ⅳ级
可能发生

Ⅲ级
可能性较大

Ⅱ级
可能性大

Ⅰ级
可能性很大

Ⅳ级为最弱，说明还没有发生山洪地质灾害。

哈哈，那我就放心了。

哦，那要是Ⅲ级呢？

那不行，当地质灾害气象风险预警等级为Ⅳ级时，表示天气因素导致地质灾害发生有一定风险。蓝色预警区域的群众须关注地质灾害风险。

当地质灾害气象风险预警等级为Ⅲ级时，表示天气因素导致地质灾害发生的风险较高。

那处于预警区域的群众该怎么办呢？

当发布Ⅲ级预警时，该区域群众应采取以下防御措施。

1.地质灾害隐患点、危险区、易发区的群众要做好随时转移的准备。乡（镇、街道）、村（居）委会需要组织力量监测巡查，一旦发现险情，及时通知转移。

2.密切关注房屋周边山体、护坡的状况，观察坡脚是否有异常渗水、土体松动、异响等情况；如有异常，请先行离开危险区域，并及时向村（居）委会报告，以便派防灾协管员、技术人员到场勘察。

3. 在听到广播、铜锣、手摇警报器等发出的预警后，请迅速转移到《避险明白卡》所预定的避灾点，或积极配合防灾协管员，迅速转移到安全区域。

哦，看得我手心都出汗了，好紧张，那要是Ⅱ级预警呢？

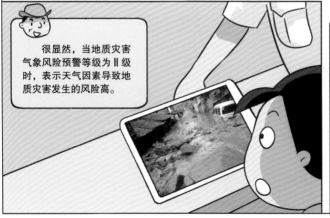

很显然，当地质灾害气象风险预警等级为Ⅱ级时，表示天气因素导致地质灾害发生的风险高。

啊？那可怎么办啊？

千万不要紧张，Ⅱ级预警区域的群众在Ⅲ级防御基础上，还要采取以下措施。

1.所有地质灾害隐患点、危险区和易发区的群众，要全部转移到避灾点、安全区。

2.地质灾害易发区的群众，要做好随时转移的准备。乡（镇、街道）、村（居）委会正在组织力量监测巡查，一旦发现险情，会随时通知转移。

接下来的Ⅰ级预警是不是意味着风险非常高呢？

当地质灾害气象风险预警等级为Ⅰ级时，表示天气因素导致地质灾害发生的风险很高。

那应该采取哪些措施呢？

Ⅰ级预警区域的群众在Ⅱ级、Ⅲ级防御的基础上，还要采取以下措施。
1. 所有地质灾害隐患点、危险区和易发区的群众，要全部转移到避灾点、安全区。

2. 非地质灾害隐患点、危险区和易发区的群众也要做好随时转移的准备，当地乡（镇、街道）、村（居）委会正在组织力量监测巡查，一旦发现险情，会随时通知转移；要密切关注房屋周边山体、护坡的状况，如有异常，请先行离开危险区域，并及时向村（居）委会报告，以便派防灾协管员、技术人员到现场勘察。